RAPPORT

FAIT

A L'ACADÉMIE DES SCIENCES,

SUR

LA MACHINE

AÉROSTATIQUE.

RAPPORT

FAIT

A L'ACADÉMIE DES SCIENCES,

SUR

LA MACHINE

AÉROSTATIQUE,

INVENTÉE PAR MM. DE MONTGOLFIER.

A PARIS,

De l'Imprimerie de MOUTARD, Imprimeur-Libraire de la REINE, de MADAME, de Madame Comtesse D'ARTOIS, & de l'Académie Royale des Sciences.

M. DCC. LXXXIV.

RAPPORT

FAIT A L'ACADÉMIE DES SCIENCES,

SUR

LA MACHINE AÉROSTATIQUE,

INVENTÉE PAR MM. DE MONTGOLFIER.

M. D'ORMESSON, Contrôleur-Général, frappé de l'expérience faite à Annonay par MM. de Montgolfier, le 5 Juin dernier, en présence de MM. les États particuliers du Vivarais, en a envoyé le Procès-verbal à l'Académie. Dans cette expérience, on vit, non sans un grand étonnement, un globe creux de trente-cinq pieds de diamètre, fait en toile & en papier, & pesant quatre cent cinquante livres, parcourir en l'air plus de douze cents toises, en s'élevant à une hauteur considérable.

Par la Lettre qui accompagnoit ce Procès-verbal, M. le Contrôleur-Général demandoit à l'Académie son jugement sur cette expérience, & sur l'espèce de machine qui avoit servi à la faire. La Compagnie, pour remplir ses vûes, nomma MM. Tillet, Brisson, Cadet, Lavoisier, Bossut, de Condorcet, Desmarets & moi, Commissaires pour prendre connoissance & de cette expérience & de cette machine. Il étoit nécessaire, dans une matière aussi nouvelle, que les Commiſſaires fuſſent éclairés par des expériences qui ſe fiſſent ſous leurs yeux; il fut décidé en conſéquence, que M. de Montgolfier le jeune (qui, étoit arrivé à Paris) feroit exécuter une Machine aéroſtatique aux frais de l'Académie (*), pour pouvoir non ſeulement répéter l'expérience d'Annonay, mais encore en faire pluſieurs autres. Nous allons rendre compte à la Compagnie de ces expériences, ainſi que de la nouvelle Machine conſtruite par M. de Montgolfier, & du Mémoire qu'il a lu à cette occaſion, depuis la rentrée de la Saint-Martin.

Mais comme l'objet dont nous allons entretenir l'Académie, eſt des plus importans, nous eſpérons qu'elle voudra bien nous accorder une attention particulière, pour mieux juger de ce que nous allons lui expoſer.

Afin de procéder avec plus d'ordre dans ce Rapport, nous le partagerons en pluſieurs articles; dans le premier, nous dirons un mot de ce que l'on a tenté ou plutôt propoſé dans ce genre avant l'expérience d'Annonay; nous expoſerons enſuite les idées & les tentatives qui ont mené ſucceſſivement MM. de Montgolfier à la découverte de leur Machine aéroſtatique; nous parlerons après des expériences que nous avons vues, du moyen qu'ils emploient pour remplir, ou plutôt pour enlever cette machine, & de la cauſe qui la ſoutient en l'air;

(*) L'Académie, toujours empreſſée à favoriſer les progrès des Arts & des Sciences, avoit en effet décidé que les expériences de la Machine aéroſtatique de MM. de Montgolfier ſe feroient à ſes frais; mais le Gouvernement ayant ſenti depuis l'importance de cette découverte, & que ces frais pourroient être trop conſidérables pour l'Académie, s'eſt chargé de toutes les dépenſes que l'on a faites à cette occaſion.

nous pafferons enfuite au moyen dont on a fait ufage, à la place de celui dont ils fe fervent, pour remplir des globes & des ballons : enfin, nous traiterons, mais fort en abrégé, des différens ufages auxquels on peut employer la Machine aéroftatique.

Le vol des oifeaux eft fi étonnant, & la faculté de s'élever & de planer dans les airs a quelque chofe de fi admirable & de fi propre à élever l'ame, qu'il paroît que de tous les temps les hommes s'en font occupés. De là, toutes les fables de l'antiquité fur ce fujet ; de là, les efforts qu'ont faits dans différens temps ceux qui fe font cru affez de génie pour parvenir à inventer l'art de voler. Il feroit auffi inutile que déplacé, de rapporter ici ce que les Anciens nous en ont dit : ainfi, paffant à des temps moins éloignés, nous nous contenterons de dire qu'on regarde en général Roger Bacon, ce génie fi fort au deffus de fon fiècle, comme le premier qui ait parlé d'une machine pour voler; c'eft dans fon Traité *de Mirabili poteftate Artis & Naturæ, &c.* Selon ce qu'il nous en dit dans cet Ouvrage, cette machine portoit un fiége dans lequel un homme étant placé ; il pouvoit, par fon action, fe donner un mouvement progreffif, & voler comme un oifeau. Roger Bacon n'explique pas comment elle fe foutenoit dans l'air, ou fi cet effet réfultoit de l'action de l'homme ; il affure néanmoins qu'une machine de ce genre avoit été faite & effayée avec fuccès par une autre perfonne. Cependant il y a tout à croire qu'elle n'exifta jamais que dans fon imagination, & qu'elle n'eut pas plus de réalité que cette fameufe tête d'airain qu'on lui a attribuée, & qui répondoit, dit-on, aux queftions qu'on lui faifoit.

Le P. Lana, long-temps aprè, ou vers la fin du ſiècle dernier, imagina une machine qui devoit auſſi ſe ſoutenir dans l'air; mais il va plus loin que Bacon, car il en indique le moyen. La machine conſiſtoit en quatre globes de cuivre vides d'air, qui devoient, par l'excès de légèreté réſultant de leur capacité, être en état de la faire flotter au milieu de ce fluide; elle étoit à voiles & à rames. On voit par-là, qu'il avoit ſagement penſé à diviſer en deux parties l'action employée pour aller dans l'air; l'une, au moyen de laquelle on devoit s'y ſoutenir; l'autre, par laquelle on devoit s'y mouvoir. Mais pluſieurs Savans, & entre autres *Hooke* & *Borelli* (*), critiquèrent fortement, & avec raiſon, le moyen qu'il propoſoit, inſiſtant l'un & l'autre ſur l'impoſſibilité de faire des globes d'une capacité auſſi conſidérable que celle qu'il leur donnoit, ſans que ces globes ne crevaſſent par la preſſion de l'atmoſphère.

En 1755, ou près d'un ſiècle après, on imprima à Avignon un Livre intitulé *l'Art de naviger dans les airs, amuſement phyſique & géométrique, &c.* L'Auteur de cet Ouvrage, le P. Gallien, paroît avoir bien ſenti en quoi conſiſtoit principalement le moyen de ſurmonter la difficulté d'élever des corps creux dans l'air. Il remarque

(*) Quelques perſonnes ont prétendu que, dans ſon Traité ſur le vol des Oiſeaux, *Borelli* parle de ces machines compoſées de globes vides d'air, comme propres à nous fournir les moyens de voler; mais ce que l'on vient de rapporter prouve pleinement le contraire; c'eſt faute d'avoir lu avec aſſez d'attention ce qu'il dit à ce ſujet dans la derniere propoſition de ce Traité, qu'on a pu en prendre cette idée. En effet, loin d'établir la poſſibilité de ſe ſervir de pareilles machines pour ſe ſoutenir & ſe mouvoir dans l'air, il emploie une grande partie de cette dernière propoſition à prouver que ce moyen de voler ne peut être tenté avec aucune eſpèce de ſuccès.

judicieuſement que ce n'eſt qu'en augmentant conſidérablement la capacité de ces corps, qu'on pourra parvenir à les faire flotter dans ce fluide, en les rempliſſant d'un air beaucoup plus rare : ſes paroles méritent d'être rapportées.

Plus ce vaiſſeau (car il eſt ici queſtion d'une vaſte machine aérienne), *plus ce vaiſſeau*, dit-il, *ſera grand, plus la peſanteur en ſera abſolument plus grande ; mais auſſi elle en ſera moindre relativement à ſon énorme volume, comme peuvent le comprendre ceux qui ont quelque teinture de Géométrie, &c.* Il en vient après aux dimenſions qu'il veut qu'on donne à ce vaiſſeau, & elles ſont véritablement immenſes ; car il veut qu'il ſoit plus long & plus large que la ville d'Avignon, & qu'il ſoit haut comme une montagne conſidérable ; il ſuppoſe enſuite qu'on le rempliſſe, en s'élévant aſſez haut pour cela, d'un air moitié plus léger que celui dans lequel on ſe propoſe de le faire flotter.

Mais nous croyons en avoir dit aſſez, ſans nous étendre davantage, pour faire voir que, comme le titre de ſon Ouvrage l'annonce, le P. Gallien ne s'eſt pas occupé ſérieuſement de cet objet ; car il ſeroit difficile de le croire, aux dimenſions impraticables, pour ne rien dire de plus, qu'il donne à toute ſa Machine. Cependant on ne peut s'empêcher de reconnoître qu'il avoit bien jugé des moyens de vaincre une partie des difficultés de faire flotter des corps creux dans l'air, à la manière dont il inſiſte ſur la néceſſité d'augmenter prodigieuſement leur capacité.

Si nous paſſons à une époque plus récente, ou à celle de la découverte des nouveaux *airs*, & entre autres de l'air inflammable, il paroît bien qu'on s'en eſt ſervi pour remplir des boules de ſavon, & s'amuſer à voir comment elles s'élèvent, mais qu'on n'a pas employé cet air à d'autres uſages de ce genre; au moins tout ce qu'on a dit à ce ſujet, ſemble laiſſer tant d'incertitudes, que nous n'avons pu en conclure rien d'aſſez poſitif, pour nous engager à le rapporter ici.

Tel étoit l'état de nos connoiſſances ſur cet objet, lorſque MM. de Montgolfier commencèrent à s'en occuper : il paroît que le point de vue ſous lequel ils enviſagèrent ce grand problême, d'élever des corps dans l'air, fut celui des nuages, de ces grandes maſſes d'eau, qui, par des cauſes que nous n'avons pas encore pu démêler, parviennent à s'élever & à flotter dans les airs à des hauteurs conſidérables. Occupés de cette idée, ils pensèrent aux moyens d'imiter la Nature, en donnant des enveloppes très-légères à des nuages factices, & en contre-balançant la preſſion d'un air lourd, par la réaction ou l'élaſticité d'un air plus léger. S'étant aſſurés, par une expérience très-ſimple, qu'une chaleur de ſoixante-dix dégrés du thermomètre ſuffiſoit, ſelon ce qu'ils rapportent, pour raréfier l'air de la moitié, dans un vaiſſeau fermé; ils en conçurent bientôt l'eſpérance de parvenir, par ce moyen, à remplir leurs vûes. Or, tout annonce que leurs méditations ſur ce ſujet remontent au delà du mois d'Août de l'année dernière 1782; mais l'expérience intéreſſante qu'elles leur avoient ſuggérée, ne fut tentée que vers le milieu de Novembre de cette même année. Ce fut à Avignon que M. de Montgolfier l'aîné la fit pour la première fois; là, il ne vit pas ſans une vive joie, ce que l'on concevra ſans peine, qu'un petit parallélipipède creux, de taffetas, qui contenoit quarante pieds cubes ou à peu près, ayant été échauffé intérieurement avec du papier, monta rapidement au plafond. Retourné à Annonay peu de temps après, il n'eut rien de plus preſſé que de répéter, avec M. ſon frère, cette expérience en plein air, & ils virent, avec la même ſatisfaction, ce parallélipipède s'élever & monter à une hauteur de ſoixante-dix pieds.

Animés par des eſſais ſi heureux, ils firent faire une machine plus conſidérable, & qui contenoit aux environs de ſix cent cinquante pieds cubes : cette machine réuſſit également bien ; car, par ſon excès de légèreté, elle s'éleva avec tant de force, qu'elle rompit les cordes qui la retenoient, & alla tomber ſur des côteaux voiſins, après être montée à une hauteur de cent à cent cinquante toiſes.

Pleinement convaincus par ces différentes expériences, de la juſteſſe des conjectures qui les avoient guidés, MM. de Montgolfier réſolurent de tenter les effets de cette machine en grand. Ils en firent faire une en conſéquence de trente-cinq pieds de diamètre ; elle peſoit quatre cent cinquante livres, & en ſoulevoit plus de quatre cents ; c'étoit préciſément celle dont il a été queſtion au commencement de ce Rapport, & qui ſervit après à l'expérience du 5 Juin dernier. Ils tentèrent de l'enlever le 3 d'Avril ; mais un vent impétueux les en empêcha : néanmoins, à l'effort qu'elle fit pour monter, ils reconnurent facilement qu'elle rempliroit complètement leur attente. Le 25 d'Avril, le temps étant plus favorable, ils eſſayèrent de nouveau de la faire partir ; cependant les gens qui les aidoient, étonnés de la force avec laquelle elle tiroit les cordes, les ayant lâchées brusquement, elle monta si rapidement en l'air, qu'elle leur échappa, & alla tomber à un quart de lieue de là, après s'être élevée à une hauteur de plus de deux cents toises, & être restée en l'air près de dix minutes. Enfin, le 5 Juin, ils firent cette expérience, comme nous l'avons dit, en présence de MM. les États particuliers du Vivarais & de toute la Ville d'Annonay, & avec le succès dont l'Académie a été informée par le Procès-verbal dont nous avons parlé.

Nous venons d'exposer en détail les idées de MM. de Montgolfier, & la suite de leurs différens essais : nous nous y sommes crus obligés ; 1°. pour faire voir la manière dont ils ont été conduits à leur découverte, & qu'elle n'est point un effet du hasard ; 2°. pour montrer que lorsque la nouvelle en est venue ici, cette découverte étoit complette, quant à l'effet en général ; 3°. enfin, que ce n'étoit pas, comme quelque gens peu instruits l'ont dit, de ces idées qui ont besoin d'être réalisées par l'expérience ; mais que l'*aérostat* étoit véritablement inventé, & que toute une Ville avoit été témoin de ses effets.

Au reste, les preuves de tout ce que nous venons de rapporter, résultent des Lettres que M. de Montgolfier le jeune a écrites à l'un de nous, M. Desmarets, & dont plusieurs sont même de l'année dernière 1782 ; nous les mettons sous les yeux de l'Académie.

Mais il faut en venir aux expériences dont nous avons été témoins.

Pour mieux remplir l'objet de l'Académie, M. de Montgolfier fit construire une Machine aérostatique, exactement de la même manière que celle d'Annonay, c'est-à-dire, en toile & en papier, mais dont la capacité étoit plus du double, contenant quarante-cinq mille pieds cubes, & pesant neuf cents livres. Il n'étoit pas aisé de trouver les facilités nécessaires pour faire exécuter une aussi grande machine; il l'étoit encore moins d'avoir un emplacement convenable pour l'enlever, & pour y faire toutes les expériences qu'on voudroit tenter; M. de Montgolfier rencontra tout cela chez son ami M. Réveillon, qui a une Manufacture de papiers peints, au fauxbourg Saint Antoine. Il y trouva plus encore, car il trouva dans cet ami une activité, un zèle & une intelligence pour faire exécuter tout ce qu'il désiroit, qui ont frappé tous ceux qui ont été présens à ces expériences, & auxquels nous nous reprocherions de ne pas rendre ce témoignage devant l'Académie. La machine faite, on se prépara à l'enlever; mais cette opération demandant quelques préliminaires & des préparatifs, il est nécessaire d'en donner une idée.

Cette machine ne se développe & ne s'élève qu'au moyen des substances qu'on brûle au dessous, ou dans son intérieur; il faut en conséquence qu'elle soit établie sur une espèce d'estrade, élevée de plusieurs pieds au dessus du terrein, & qui ait au milieu une grande ouverture. Au centre de cette ouverture & en bas, est placé un grand réchaud de fer, à claire-voie, dont on verra l'usage dans un moment. Pour faciliter le développement de la machine, elle est soutenue par son milieu ou par son sommet, au moyen d'une corde qui va passer sur les poulies de deux grands mâts, qui sont placés des deux côtés de l'estrade & à l'opposite l'un de l'autre. Par-là, en tirant cette corde, on soulève toute la machine; & à mesure que l'on fait du feu avec de la paille & d'autres combuſtibles dans le réchaud dont nous venons de parler, elle ſe développe, ſe gonfle, & enfin s'enlève & part, comme nous le dirons dans la ſuite.

La machine & tout cet appareil étant prêts, le Vendredi 12 de Septembre, on l'eſſaya devant nous; & malgré l'action des hommes employés à la retenir, elle ſe développa d'une manière qui ſurprit tous les Spectateurs, & enleva un poids de quatre cents livres ou environ; mais le vent qui ſurvint, & la pluie qui tomba enſuite en abondance pendant toute la journée, ayant détruit entièrement cette machine, par l'action de l'humidité ſur le papier & ſur la toile dont elle étoit formée, il fallut en refaire une autre. Ce contre-temps étoit d'autant plus fâcheux, que le Roi, qui avoit ordonné que l'expérience s'en fît devant lui à Verſailles, en avoit fixé le jour au Vendredi ſuivant, 19 du même mois.

Cependant M. de Montgolfier ne fut point découragé par cet accident; animé d'un nouveau zèle, il fit exécuter en quatre jours un ſphéroïde en toile de fil & coton, peinte en détrempe ſur les deux côtés; ce ſphéroïde avoit quarante-un pieds de diamètre ſur cinquante-ſept de hauteur, & contenoit trente-ſept mille cinq cents pieds cubes ou à peu près; il peſoit aux environs de huit cents livres.

On en fit l'eſſai le Jeudi 18; mais au moment où il étoit ſoutenu par ſon point le plus élevé, & qu'on ne faiſoit que de le gonfler, il ſurvint un coup de vent qui le déchira près de cet endroit. Preſſé par le temps, on ne fit que nouer fortement avec une corde la partie déchirée; & profitant d'un moment de calme, on enleva de nouveau la machine, en brûlant cinquante livres de paille uniquement ; nous la vîmes alors se soutenir en l'air fort majestueusement, pendant cinq ou six minutes. Assurés de son effet par cette simple expérience, nous n'eûmes pas le moindre doute sur son succès le lendemain à Versailles.

Un appareil semblable à celui dont nous avons donné une idée, étoit établi au milieu de la grande cour du Château, ou de la cour des Ministres, avec la Machine aérostatique étendue sur l'estrade. Tout étant préparé & disposé convenablement, on en fit l'expérience, à un signal donné, en présence du Roi, de la Reine & de toute la Cour, & avec tout le succès que nous avions prévu la veille. Là, on vit en moins de dix minutes, & en brûlant seulement quatre-vingts livres de paille & sept ou huit livres de lainages, la machine se soulever, se développer d'une manière qui frappa d'étonnement tous les Spectateurs, & partir & monter ensuite à une hauteur de plus de deux cent quarante toises, quoique chargée de deux cents livres de poids étrangers. Après avoir parcouru un espace considérable, elle alla tomber à une distance de dix-sept cents toises ou à peu près du point d'où elle étoit partie, étant restée en l'air environ dix minutes. Il est nécessaire d'observer que cette machine descendit si doucement, qu'elle ne fit que ployer des branches d'arbres sur lesquelles elle tomba, & que des animaux qu'on y avoit suspendus n'eurent pas le moindre mal.

La hauteur où nous avons dit qu'elle s'étoit élevée, a été déterminée uniquement par estime. MM. le Gentil & Jeaurat, qui l'ont observée séparément, en ont fixé depuis la hauteur, l'un à deux cent quatre-vingt toises au dessus du second étage de l'Observatoire, l'autre à deux cent quatre-vingt-treize au dessus du rez de chaussée; mais il est certain qu'elle seroit restée plus long-temps en l'air, & auroit été beaucoup plus loin sans la déchirure de la veille, qui étoit très-considérable: en effet, cette déchirure s'étant rouverte, laissa sortir une partie des vapeurs échauffées de l'intérieur de la machine; & ces vapeurs, jointes à celles qui s'échappèrent dans deux ou trois balancemens qu'elle essuya, diminuèrent beaucoup de la force qu'elle avoit pour se soutenir.

Nous devons ajouter pour l'honneur des Sciences, que jamais expérience ne se fit avec autant d'éclat & autant de pompe, & n'eut d'aussi illustres Spectateurs, ni en plus grand nombre. Il est important même de rapporter ici, qu'avant l'expérience, le Roi daigna se rendre dans le lieu où la Machine aérostatique étoit établie, & qu'il prit la peine de passer sous l'estrade, dans l'endroit où étoit le réchaud, pour voir les préparatifs, & se faire expliquer par M. de Montgolfier les moyens qu'on alloit employer pour développer cette grande masse, si informe pour le moment, & la faire élever & monter dans les airs; la Reine & la Famille Royale suivirent l'exemple de Sa Majesté.

Après des expériences aussi multipliées, il n'étoit plus possible de douter des effets de l'*aérostat* de MM. de Montgolfier; mais il étoit important de connoître plus particulièrement la nature de leurs procédés pour faire élever cette machine, & de constater sur-tout, si, avec un aérostat d'une capacité suffisante, on pourroit enlever des hommes, & à quel point ils pourroient le gouverner, en observant cependant de le retenir jusqu'à un certain degré par des cordes, afin de ne rien hasarder dans ces premières expériences. M. de Montgolfier fit faire, pour remplir cet objet,

objet, un nouvel aérostat plus grand encore que celui de l'expérience de Versailles, ayant quarante-cinq pieds de diamètre & soixante-dix pieds de haut : il étoit composé, en quelque façon, de trois parties; d'un cylindre qui en faisoit le corps du milieu, d'une portion de cône placée au dessus, & d'une autre partie conique, dans une situation renversée, qui étoit au dessous; le petit diamètre de cette portion de cône étoit de quatorze pieds. A cette partie étoit adapté un cylindre en toile, autour duquel M. de Montgolfier fit attacher extérieurement une galerie d'osier de deux pieds & demi de large, avec des appuis de trois pieds de haut; il y avoit en outre au milieu du vide formé par cette galerie, une espèce de panier de fil de fer, formant un réchaud, pour y brûler de la paille ou tout autre combustible, lorsque la machine seroit en l'air. En cet état, l'aérostat pesoit aux environs de quatorze à quinze cents livres. Nous ne parlerons pas de quelques expériences préliminaires; nous passerons tout de suite à celle qui fut faite en notre présence le 15 d'Octobre.

M. Pilatre de Rosier, qui, le premier, a proposé de monter dans la Machine aérostatique abandonnée à elle-même, & qui en a fait publiquement la demande à l'Académie, le 30 du mois d'Août, pour l'expérience qui devoit s'en faire à Versailles les jours suivans, enfin, qui a montré tant d'activité & de courage dans toutes les expériences qu'on en a faites depuis, M. Pilatre de Rosier monta ce jour-là dans la galerie du nouvel aérostat; on l'enleva à une hauteur de cent pieds ou aux environs, la machine étant retenue à cette élévation par des cordes. Il nous parut entièrement le maître de monter ou de descendre, selon la quantité plus ou moins grande de feu qu'il entretenoit dans le panier ou le réchaud de fer dont nous avons parlé ; mais l'expérience du Dimanche suivant démontra d'une manière encore plus sensible, comment, par ce moyen, on pouvoit régler les mouvemens de l'aérostat pour s'élever ou pour s'abaisser. M. Pilatre s'y étant placé, on mit un contre-poids dans un panier d'osier attaché à l'opposite, parce qu'on avoit supprimé une partie de la galerie à cause de sa pesanteur. La machine s'éleva promptement à la hauteur que permettoit la longueur des cordes. Après y être restée quelque temps, on la vit redescendre par la cessation du feu. Ayant été poussée par le vent sur les arbres d'un jardin voisin, on s'empressa de dégager les cordages qui la retenoient, & M. Pilatre ayant renouvelé en même temps le feu, il la fit relever promptement, & on la ramena avec la plus grande facilité dans le jardin de M. Réveillon. Encouragés par des essais si propres à rassurer contre les dangers qu'on pouvoit courir dans l'aérostat ainsi élevé en l'air, M. Giroud de Villette & M. le Marquis d'Arlandes y montèrent successivement. Il est nécessaire de faire observer que, dans ces expériences, la machine fut élevée à trois cent vingt-quatre pieds, c'est-à-dire, près de la moitié plus haut que les tours de Notre-Dame, & que M. Pilatre de Rosier, par son activité & par son adresse à bien ménager le feu, la faisoit monter, descendre, raser la terre, remonter encore, enfin lui donnoit tous les divers mouvemens de ce genre qu'il désiroit.

Des expériences de cette nature, & que nous avons cru par-là devoir exposer en détail, étoient bien propres à convaincre de la possibilité d'employer sans danger cette machine à transporter des hommes, sur-tout quand on se rappelle comment, dans l'expérience de Versailles, la machine tomba doucement, quoique d'une hauteur de plus de deux cents toises. Aussi M. de Montgolfier, qui nous paroît n'avoir procédé, dans tout ce qu'il a entrepris à ce sujet, qu'éclairé par la théorie & appuyé par la pratique, ne fut-il plus incertain sur la possibilité de transformer son aérostat en un véritable char aérien; mais il falloit qu'on en fît l'expérience, pour consacrer à jamais cette découverte, & cette expérience a été faite le 21 du mois dernier.

Ce fut dans les jardins de la Muette, devant Monseigneur le Dauphin, accompagné de toute sa Cour, & environné d'une foule de Spectateurs : le temps étant des plus favorables, on vit partir, vers une heure trois quarts, l'aérostat de M. de Montgolfier, monté par M. le Marquis d'Arlandes & par M. Pilatre de Rosier; ils s'élevèrent, selon l'observation de M. l'Abbé Rochon, à une hauteur de plus de trois cent soixante-sept toises, & à peu près à cette hauteur, traversèrent la Seine, passèrent sur la partie du sud-ouest de cette ville, & allèrent descendre près du chemin de Fontainebleau, après avoir parcouru un espace de près de quatre mille toises, & être restés en l'air pendant plus de dix-sept minutes. Ils s'élevoient ou s'abaissoient, selon qu'ils excitoient ou ralentissoient le feu; & par cet unique moyen, ils évitèrent, si cela se peut dire, dans une pareille navigation, les écueils qui leur parurent à craindre, & allèrent descendre doucement où ils voulurent arriver. Mais il seroit inutile de pousser plus loin ce détail, l'Académie ayant entendu de la bouche même de M. le Marquis d'Arlandes le récit de ce voyage, qui ſera à jamais célèbre chez la Poſtérité, comme le premier que les hommes aient oſé entreprendre à travers les airs.

Pour ne point interrompre le récit de ces différentes expériences, nous avons remis à ce moment à parler plus en détail de ce qui concerne la manière dont MM. de Montgolfier s'y prennent pour enlever leur aéroſtat.

On a vu qu'ils font brûler dans un réchaud à claire-voie, de la paille & des matières animales ; & qu'il s'enſuit de cette combuſtion & de la chaleur qui s'excite en conſéquence dans l'intérieur de la machine, qu'elle ſe développe, ſe gonfle, s'enlève, & monte dans l'air. Il eſt naturel de demander ce qui ſe paſſe dans cette combuſtion, & ſi c'eſt par l'effet de gaz plus légers que l'air atmoſphérique, dont elle occaſionne le dégagement, que l'aéroſtat parvient ainſi à s'élever.

Nous penſons qu'il ſeroit fort difficile, pour ne pas dire impoſſible, de bien ſtatuer ſur la nature & le nombre des différens gaz ou vapeurs qui ſe développent dans cette combuſtion ; mais ce qui prouve que cet effet tient uniquement à la raréfaction de l'air intérieur de la machine, occaſionnée par la chaleur qu'on y excite, c'eſt qu'à l'inſtant où, par la diminution de cette chaleur, la raréfaction diminue auſſi, l'aéroſtat deſcend, ou n'eſt plus ſoutenu à la même hauteur, & qu'au contraire, au moment où on la ranime, il remonte. Ce qui confirme encore cette explication, c'eſt que MM. de Montgolfier ſont obligés de tenir leur aéroſtat ouvert par en bas. En effet, qu'arrive-t-il par-là ? dans l'inſtant où, en excitant le feu, on augmente la chaleur dans cette machine, une partie plus ou moins conſidérable de l'air qui y eſt contenu, eſt obligée de ſortir par l'ouverture d'en bas. Or, ſi on ſuppoſe, par exemple, cette chaleur suffisante pour raréfier l'air de moitié, voilà dans un moment le poids de la machine, ou plutôt de l'air qu'elle renferme, diminué dans cette proportion; & si ce volume se trouve dans un grand rapport avec l'enveloppe, cette cause suffit pour soutenir la machine en l'air, & même pour la porter à une grande hauteur. De plus, si l'on supposoit que la combustion des différentes substances que M M. de Montgolfier brûlent dans leur aérostat, le remplissent d'un ou de plusieurs fluides d'une pesanteur spécifique, telle qu'avec le corps de cette machine ils formassent un tout plus léger que l'air atmosphérique, dans une proportion quelconque, il seroit certainement nécessaire, dans cette supposition, de la fermer, ou du moins d'en rétrécir considérablement l'ouverture, pour prévenir l'introduction de l'air atmosphérique, qui sans cela se glisseroit & s'introduiroit le long des parois intérieures de cette machine. Il paroît donc bien prouvé par ces différentes considérations, que c'est, comme nous l'avons dit, à la raréfaction de l'air de l'intérieur de l'aérostat, occasionnée par le feu qu'on y fait, qu'il faut attribuer la cause de son élévation dans l'air, &c.

Nous désirions pouvoir nous en assurer expérimentalement, ou trouver quelque moyen de déterminer la pesanteur spécifique de l'air, ou des fluides aériformes contenus dans la machine. Par un hasard heureux, l'expérience qu'on fit le 17 d'Octobre, nous en fournit l'occasion; ce jour-là elle resta stationnaire à une petite hauteur, d'où il étoit facile de conclure qu'elle étoit de la même pesanteur spécifique que l'air de l'atmosphère. Elle pesoit alors dix-sept cents livres, y compris le poids de la galerie & de la perſonne qui étoit dedans. Or, comme cette machine contenoit ſoixante mille pieds cubes d'air, & que ce jour-là le poids d'un pied cube d'air étoit de 1 ^{once} + 3 ^{gros} + 20 ^{grains}, il en réſulte que le poids de l'air qu'elle déplaçoit, étoit de cinq mille deux cent quatre-vingt-ſix livres; d'où déduiſant dix-ſept cents livres pour le poids total de la machine, on a pour celui de l'air, ou des airs qu'elle renfermoit, trois mille huit cent cinquante-ſix livres, c'eſt-à-dire, à peu près les deux tiers du poids de l'air atmoſphérique. Ainſi, dans cette expérience, l'air de la Machine étoit raréfié d'un tiers ou aux environs, & dans les autres on trouve encore à peu près le même réſultat, excepté cependant que comme la Machine tendoit à s'élever, l'air devoit y être un peu plus raréfié. Quant à la chaleur intérieure de l'aéroſtat, propre à dilater l'air d'un tiers, il ſeroit difficile de la déterminer avec préciſion; cependant il y a tout lieu de croire qu'elle ne différoit pas beaucoup de celle de l'eau bouillante : car, ſuivant la règle de M. Deluc ſur la dilatation de l'air, ſelon les différens degrés du thermomètre, il paroît qu'une chaleur de ſoixante-onze degrés un tiers ſuffit pour dilater l'air d'une troiſième partie. Or, comme celui de l'aéroſtat s'eſt dilaté à peu près de cette quantité, la chaleur de l'intérieur de cette machine n'a pas dû s'éloigner beaucoup, comme nous venons de le dire, de celle de l'eau bouillante.

Mais il faut en revenir au moyen que MM. de Montgolfier emploient pour enlever leur aéroſtat : on ne peut diſconvenir qu'il ne ſoit fort ſimple, peu diſpendieux, & fort expéditif, puiſque, dans l'expérience de Verſailles, par la combuſtion de quatre-vingt livres de paille & de ſept à huit livres de lainages, on a enlevé, en moins de dix minutes, un aéroſtat contenant au delà de trente-ſept mille pieds cubes, & peſant ſept à huit cents livres, indépendamment de deux cents livres de poids étrangers dont il étoit chargé : il ſemble en conſéquence que ce ſoient ces avantages qui ont déterminé MM. de Montgolfier à employer ce moyen, de préférence à tous les autres. En effet, ſelon ce que M. de Montgolfier le jeune expoſe dans le Mémoire qu'il a lu à l'Académie, depuis la rentrée, comme nous l'avons dit, il n'y a point de fluide d'une peſanteur ſpécifique beaucoup plus légère que l'air atmoſphérique, auxquels lui & ſon frère n'aient penſé : ainſi l'eau réduite en vapeur, l'air inflammable, & d'autres fluides, produits par la combuſtion, ont été ſucceſſivement l'objet de leur attention ; mais l'embarras d'employer les uns, les dépenſes qu'auroient entraînées les autres, & particulièrement l'air inflammable, les ont empêchés de s'en ſervir, ſe propoſant particulièrement de rendre leur opération auſſi ſimple que peu couteuſe. Et il n'eſt pas étonnant qu'éloignés des ſecours & des reſſources de la Capitale, les difficultés d'employer l'air inflammable ne ſe ſoient multipliées à leurs yeux, & ne les aient encore confirmés dans l'uſage d'un moyen auſſi facile que celui qu'ils avoient imaginé. Mais ſans nous étendre davantage ſur ce ſujet, nous nous bornerons à faire obſerver, comme un fait certain, qu'au moment où la nouvelle de l'expérience d'Annonay arriva ici, les Phyſiciens & les Chimiſtes, inſtruits de la théorie des nouveaux *airs*, indiquèrent d'une voix générale l'air inflammable comme très-propre à faire la fonction de celui que MM. de Montgolfier avoient employé pour enlever leur aéroſtat, & ſur lequel ils ne s'expliquoient pas.

Au reſte, on a vu avec quel ſuccès MM. Charles & Robert s'en ſont ſervis dans l'expérience faite au Champ de Mars le 27 du mois d'Août dernier, & comment ils l'ont employé tout récemment d'une manière encore plus frappante, dans l'expérience mémorable du premier de ce mois.

Tout Paris les a vus portés dans un char ſoutenu par un globe de vingt-ſix pieds de diamètre, & rempli d'air inflammable, s'élever du milieu du baſſin des Tuileries, & monter ſucceſſivement à une hauteur de plus de trois cents toiſes. De là, pouſſés par un vent de ſud-eſt, ils ont parcouru enſuite, à travers les airs, un eſpace de plus de neuf lieues avant de deſcendre; & M. Charles, reſté ſeul dans le char, après ce voyage, animé par un nouveau courage, s'eſt élevé juſqu'à une hauteur de près de dix-ſept cents toiſes, & a montré aux Phyſiciens comment on pouvoit aller juſque dans les nuages, étudier les cauſes des météores.

On demandera ſans doute lequel du moyen de MM. de Montgolfier ou de celui qu'ont employé MM. Charles & Robert, eſt préférable pour ſoutenir en l'air les aéroſtats; mais il y auroit véritablement de la témérité à prononcer ſur cette queſtion, dans un moment où cette découverte eſt encore ſi nouvelle, qu'on n'a pas fait la millième partie des recherches qu'on pourra faire pour la perfectionner. MM. de Montgolfier entrevoient déjà beaucoup de moyens de ſimplifier leur opération, & ils en ont indiqué pluſieurs: d'un autre côté, qui ſait les découvertes qu'on pourra faire pour obtenir de l'air inflammable en bien plus grande quantité, ou beaucoup plus facilement qu'on ne l'a eu juſqu'ici par les moyens connus? Qui ſait ſi l'on ne trouvera pas quelque nouveau fluide plus léger encore que cet air inflammable? On a regardé long-temps l'esprit-de-vin comme la plus légère de toutes les liqueurs, & ensuite on a découvert l'éther, qui l'est encore davantage. La science des *airs* est encore trop nouvelle, pour pouvoir rien affirmer sur ces différens objets. Tout ce que nous pouvons dire, c'est que la simplicité du moyen de MM. de Montgolfier, sa facilité, & la promptitude avec laquelle on peut l'employer, paroissent lui donner de grands avantages dans beaucoup d'usages de la vie civile; mais celui de l'air inflammable ayant l'avantage de diminuer considérablement le volume des aérostats, portant le même poids, & ne demandant aucun soin ni aucun approvisionnement de la part de ceux qui sont portés par cette machine, semble par-là beaucoup plus propre à un grand nombre d'usages physiques. En effet, sans parler de beaucoup d'autres, M. Charles a montré comment, avec un aérostat, on peut s'élever jusque dans les nuages pour y faire des observations; & tout annonce que par ce moyen on pourra en faire un grand nombre, qui nous mettront sur la voie pour expliquer beaucoup de phénomènes de Météorologie, qui jusqu'ici ont été autant de mystères pour nous.

Attendons ainsi, du temps & des recherches postérieures, la décision de cette question, sur la préférence que l'on doit donner au moyen de MM. de Montgolfier, ou à celui de l'air inflammable, pour enlever des aérostats.

Il faut en venir maintenant aux applications & aux usages de la Machine aérostatique; mais ici nous sommes arrêtés par la multitude de ceux qui se présentent; car il faudroit un volume pour exposer en détail tous ceux où

D

on peut les employer. Nous nous contenterons de dire qu'on pourra s'en ſervir pour élever des poids à une certaine hauteur, pour paſſer des montagnes, pour monter ſur celles où jusqu'ici perſonne n'a pu arriver, pour deſcendre dans des vallées ou des lieux inacceſſibles, pour élever des fanaux pendant la nuit à une très-grande hauteur, pour donner des ſignaux de toute eſpèce, ſoit à terre, ſoit à la mer. Or, tous ces uſages, ou au moins une grande partie, avoient déjà été imaginés par MM. de Montgolfier. L'aéroſtat pourra être employé encore dans beaucoup d'uſages pour la Phyſique, comme pour mieux connoître les vîteſſes & les directions des différens vents qui ſoufflent dans l'atmoſphère; pour avoir des électroſcopes portés à une hauteur beaucoup plus grande que celle où on peut élever des cerf-volans; enfin, comme nous l'avons déjà dit, pour s'élever juſque dans la région des nuages, & y aller obſerver les météores.

D'ailleurs, on ſent que tous ces uſages ſe multiplieront encore, lorſque cette machine aura été perfectionnée; & même qu'ils deviendront d'une tout autre conſéquence, ſi on parvient jamais à la diriger, comme tout ſemble en annoncer la poſſibilité.

D'après cet expoſé, que nous craindrions d'avoir trop étendu, ſi l'importance du ſujet ne l'avoit exigé, nous croyons que l'Académie a pu prendre une juſte idée de la Machine aéroſtatique de MM. de Montgolfier, de la cauſe par laquelle elle ſe ſoutient en l'air, enfin de ſes différens effets. Nous penſons en conſéquence qu'elle ne peut approuver d'une manière trop diſtinguée cette machine, dont elle a déjà vu des expériences ſi propres à donner les plus grandes espérances sur les applications qu'on pourra en faire dans la suite. Et pour donner à MM. de Montgolfier un témoignage encore plus marqué de l'estime que mérite une découverte si heureuse, nous proposons que l'Académie leur décerne le Prix annuel de 600 liv. fondé pour les decouvertes nouvelles dans les Arts (par une personne inconnue), comme à des Savans auxquels on doit un Art nouveau, qui fera époque dans l'Histoire des inventions humaines.

Après ce que nous venons de dire, il est presque inutile d'ajouter que le Mémoire de M. de Montgolfier, où il expose la suite des pensées & des essais de son frère & de lui sur les Machines aérostatiques, & les différentes expériences qui en ont été faites, avec les raisons qui les ont déterminés dans le choix des moyens qu'ils ont employés, mérite d'être imprimé dans le Recueil des Savans Étrangers.

FAIT à l'Académie des Sciences, le 23 Décembre 1783. *Signé*, LE ROY, TILLET, BRISSON, CADET, LAVOISIER, BOSSUT, le Marquis DE CONDORCET & DESMAREST.

EXTRAIT DES REGISTRES DE L'ACADÉMIE DES SCIENCES.

Du 23 Décembre 1783.

L'Académie ayant entendu la lecture de ce Rapport, l'a approuvé, & a en même temps arrêté unanimement : 1.° que le Rapport seroit imprimé & publié; 2.° que le Prix annuel de 600 livres, fondé par un Citoyen anonyme pour l'encouragement des Sciences & des Arts, seroit accordé pour l'année 1783 à MM. de Montgolfier.

Je certifie le présent extrait conforme à l'original & aux registres de l'Académie. A Paris, ce 28 Décembre 1783. Le Marquis de CONDORCET.

www.ingramcontent.com/pod-product-compliance
Ingram Content Group UK Ltd.
Pitfield, Milton Keynes, MK11 3LW, UK
UKHW022205190726
13855UKWH00004B/1635

9 782013 419956